2014

中国农药发展报告

ZHONGGUO
NONGYAO FAZHAN BAOGAO

农业部种植业管理司
农业部农药检定所

U0338044

中国农业出版社

编委会

主　　编　　曾衍德　隋鹏飞

执行主编　　陈友权　魏启文

副 主 编　　李文星　黄　辉　吴厚斌　宋稳成　薄　瑞

编写人员　　（按姓名笔画排序）

王　宁　叶贵标　白小宁　曲甍甍　刘　然

刘绍仁　孙叔宝　孙艳萍　李　好　李永平

李富根　杨　峻　吴进龙　宋俊华　张　佳

张　薇　张文君　陈铁春　林　艳　周　蔚

郑尊涛　单炜力　段又生　姜　辉　袁善奎

陶传江　曹兵伟

中国农药发展报告 2014

前 言

　　2014年是我国全面深化改革元年，经济社会步入新常态，加快建设现代农业成为新共识，农药行业进入转型升级新轨道，农药管理乘势而上，各项工作呈现新面貌。

　　为了准确掌握2014年农药行业发展现状，把握行业发展态势，引导行业健康发展，保障国家粮食安全、农产品质量安全和生态环境安全，农业部种植业管理司、农业部农药检定所联合组织有关单位编写了《中国农药发展报告　2014》，介绍了我国2014年度农药登记、生产管理、市场监管、推广应用、国际贸易、技术标准、国际管理等方面的新进展、新成效、新特点，分析面临的新问题，展望发展趋势。

　　本报告共分七章。第一章为农药登记管理方面的新进展，介绍了登记农药的新特征和登记管理措施的新亮点。第二章为农药生产管理方面的新进展，介绍了农药产量微增趋稳、农药价格先扬后抑、农药行业利润下滑、农药企业兼并重组力度加大、农药生产管理不断加强等情况。第三章为农药市场监管方面的新进展，包括创新机制，实施分类监管；加大抽查，处理大案要案；"控高促低"，做好合理引导；完善技术，解决监管难题。第四章为农药使用管理方面的新进展，重点关注了农药新品种推广情况、植保机械发展情况、生物农药和抗性治理研究等。第五章为农药国际贸易方面的新进展，包括进出口总体情况、原药和制剂的结构情况、农药类别和品种情况、各洲和国家（地区）的情况、重点企业和省份的情况等。第六章为农药技术标准建设进展，主要概述了国内农药产品质量标准、登记药效试验标准、农药残留标准、农药毒理学标准、农药环境标准等近年来的发展情况和今后目标。第七章为农药国际管理的动态，摘要介绍了联合国粮农组织、世界卫生组织、经合组织等国际组织，以及欧美等发达国家和地区在农药质量标准、农药残留标准、登记药效评价、健康风险评价、环境影响评价等方面的发展情况。附录盘点了2014年农药领域重点事件。

在本报告编写过程中，我们得到了农业部有关领导的亲切关怀和悉心指导，得到了全国农业技术推广服务中心、中国农药工业协会等单位的大力支持和帮助。对关心、支持本书编写的所有单位、领导、专家和有关工作人员一并表示衷心的感谢！

由于编写时间仓促，编者水平及其他条件的限制，报告中可能存在不当或错误之处，恳请各位读者批评指正。

编　者

2015年5月

目　录

第一章

农药登记管理

DIYIZHANG NONGYAO
DENGJI GUANLI

2014年，农药登记管理转变理念、创新机制，以新《条例》配套规章的制修订和行政审批改革为抓手，在做好契合农业发展、简政放权、强化社会服务的同时，积极探索提高整体评审水平，充分发挥政策引导力，稳步推进小作物用药登记，让农药登记管理更有助于农业生产和农药产业发展。

一、创新管理机制的五个亮点

（一）深入调查研究，着手新制度的谋划与构建

坚持政策导向、需求导向和问题导向，积极开展调查研究，探索深化农药管理制度改革路径。一是深入山东、江苏、广东、四川等省开展实地调研，认真了解市场需要，耐心倾听企业诉求。二是与欧美、加拿大等国家和国际组织交流与合作，开展国内外农药管理体系与技术规范的对比研究。三是组织开展农药登记评审委员会工作机制研究，为科学设置登记评审委员会工作程序、提高专家评审权威性做好铺垫。四是总结分析调查和研究成果，借鉴先进管理经验，组织新《条例》配套规章及技术规范的起草。

（二）转变管理方式，全力打造农药审批阳光工程

一是推进登记审批系统改革，实施精细化管理，提高风险防控能力。通过分步改造审批流程，实现了农药登记审批全程监控；通过探索集中评审，精简系统运转环节，提高了评审效率；通过制定审批人员行为规范，维护评审秩序，保证了评审的公正性；通过明确评审程序和要求，标准化审批用语，提高了评审质量。二是增加评审答辩环节，为企业提供参与和申诉的机会。2014年共有15家企业参与了新农药评审和复议答辩。通过评审专家与申请人的现场互动，增强了公众的参与感，体现出行政审批的公正、公开和透明。三是推进公示制度，履行告知义务，引导社会参与和监督。2014年对拟批准登记产品全部在中国农药信息网上公示，共完成40批次3 948个产品，收到反馈意见67份，为解决专利纠纷、打击原药来源造假、提高批准信息准确性做出了积极有效的尝试，有力提升了农药登记审批的效能与公信力。

（三）简政放权，稳步推进部省联动评审

为了深化行政审批改革，巩固部省一体化成果，加强对试点省所的技术培训与指导，进一步规范了联动评审程序和要求，优化了联动评审范围。在全面考评和培训的基础上，在河北、江苏、山东、浙江、湖南和陕西6个省增加了毒理学资料的技术审查，为提高整体评审能力和管理技术水平奠定了基础。

（四）多措并举，着力破解小作物用药登记难题

一是深入山东、江苏等省调研，开展了小作物用药登记专题研究。二是配合吉林、浙江等省特色作物专项，开辟绿色审批通道，完成28个农药产品在人参、杨梅、枸杞、杭白菊等特色经济作物上的登记。三是组织上海、山东、浙江等省开展12种蔬菜及白术、铁皮石斛等特色作物用药的联合试验，积累了解决小作物科学用药问题的基础数据。

（五）管控风险，完善登记管理政策和要求

一是排查管理漏洞，落实全国农药登记评审委员会决议。自2014年1月21日起，停止受理专供出口农药产品登记申请，登记产品到期停止续展，有效规避了政策执行风险和政府信誉风险。二是为保障职业健康与社会安全，自2014年7月1日起全面禁止生产百草枯水剂，并在不具备安全生产条件、产品安全性需进一步落实的情况下暂停百草枯替代剂型产品新增登记。三是加强助剂管理，着手实行农药助剂分类管理和企业备案制度，起草了禁限用助剂名单。

二、农药登记产品及发展趋势

（一）登记基本情况

2014年批准登记产品3 370个，比上年减少1.6%。其中临时登记

产品418个，占12.4%；正式登记产品2 952个，占87.6%；分装登记产品30个，占0.9%。按产品类别统计，杀虫剂（含杀螨剂、杀螺剂）1 097个，占32.6%；杀菌剂（含植物诱抗剂、杀线虫剂）968个，占28.7%；除草剂898个，占26.4%；植物生长调节剂57个，占1.7%；卫生杀虫剂288个，占8.5%；杀鼠剂2个，占0.06%；其他产品60个，占1.8%。

（二）登记变化趋势

与历年登记产品情况比较，2014年登记产品具有如下特征：一是登记产品总量逐年增加，从2011年到2014年，每年增加3 000多个产品。二是杀虫剂、杀菌剂、除草剂仍然是三分天下的格局，其中杀虫剂数量缓慢下降，杀菌剂略有增长。三是新农药品种逐年增加，国内企业创制能力逐步增强，尤其是在新生物农药品种开发上优势初现。2014年首次登记的18个新品种中，氯溴虫腈、硫氟肟醚、坚强芽孢杆菌、蝗虫微孢子虫、极细链格孢激活蛋白等均是国内具有自主知识产权的品种，凸显了我国农药产业坚持创新驱动、绿色发展的成果。四是产品结构仍以老品种的制剂改造为主，新含量、新剂型、新配方产品的新增登记等占主导地位，相同产品数量有所下降，产品使用范围高度集中在水稻、小麦、玉米、棉花、油菜、大豆、柑橘、苹果、甘蓝、黄瓜等作物上，小作物用药仍存在较大缺口。

三、问题与未来工作方向

（一）问题与挑战

1.管理政策缺乏系统性、针对性

虽然农药登记的"法规—资料要求—技术标准或准则"三级管理体系初步形成，但政策规定内容还不完善，技术标准覆盖也不全面。一些特殊情况如非耕地、小作物、药食用源、红火蚁防治等用药尚未找到合理归类,目前多采用"一刀切"的做法,缺乏系统规划和顶层设计,欠缺合理性,存在管理漏洞。

2.农药风险管理措施相对滞后

缺少完善的风险评估机制,对产品安全性及潜在风险的评价缺乏科学依据,难以满足公众对食品、健康与环境安全的期待。有效的风险管理和淘汰退出机制还不健全,造成农药产品多乱散、盲目超量使用等问题仍未有效解决,在一定程度上影响了我国农药品种结构的更新换代,以及高效、安全新产品新技术的推广。

3.缺乏保护创新和知识产权的机制

近年来,我国农药的创新能力不断增强,具有自主知识产权的品种不断增多,侵权保护问题也日益突出。由于没有明确对商业保密、资料保护与补偿、数据公开等方面的规定,企业盲目跟风现象严重,导致农药品种生命周期缩短,造成社会资源的浪费。如何通过政策引导企业尊重知识产权、倡导产品与技术创新、减少产品的同质化,如何鼓励国际化大公司与中国企业技术合作、共同进行科技研发实现"双赢"是新规章面临的挑战。

(二)未来工作方向

围绕减量控害、保障供给与安全目标,完善和健全规章制度,全面提高农药登记的科学性、公信力和权威性;加强政策引导,改善产品结构,推进企业创新是2015年农药管理工作的主要内容。

1.强化服务,提高行政管理水平

设立"面向企业服务日",提高登记服务水平;全面推进农药登记集中评审,规范农药登记评审行为,提高审批质量;深入推进部省联动评审试点工作,通过实现信息共享,提高省所技术评审水平,带动体系队伍建设;扩大和完善拟批准登记产品公示内容,完善公示上报、打证流程,提高依法行政审批能力。

2.转变理念,构建新的登记管理制度

调动各方面力量,组织协调做好配套规章制度的制修订工作,构建由法律法规、部门规章、试验准则和方法标准等组成的完整农药登记管理法规体系；全面引入风险评估理念和技术手段，确保农药安全性评价的科学性和权威性，为农产品安全、职业健康和环境安全提供充分的技术保障；深入研究如何借助农药登记的杠杆作用，为实施控药减量计划提供政策依据，努力确保2020年农药使用零增长目标实现；总结蔬菜及特色作物登记联合试验经验，结合配套规章制修订，探索建立解决我国蔬菜等特色作物用药短缺问题的长效机制。

3.创新机制，探索差异化管理机制

把农药登记管理、市场监管、政府购买服务等行政措施纳入农药行业诚信体系建设中，根据信用评价结果，对企业和试验单位实施分类管理。

第二章
农药生产管理

　　2014年，在环保政策趋严、高毒农药监管力度增强、安全用药意识不断普及、相关法律法规不断健全的背景下，农药产业积极转型调整，良性发展态势得以加强。据中国农药工业协会统计，截至2014年底，工业和信息化部核准的农药企业共1 800多家，其中原药生产企业500多家，全行业从业人员达16万人，可生产600多个品种，常年生产400多种，产量处于世界前列，我国已成为公认的农药生产大国。

一、农药产业运行的新进展

（一）农药产量微增趋稳

根据国家统计局统计，2014年，367家农药原药企业产量达到374.4万吨，同比小幅增长1.4%。杀菌剂和杀虫剂产量均下降，杀虫剂产量为56.1万吨，同比下降4.8%，占农药总产量的15.0%；杀菌剂产量为23.0万吨，小幅减少1.2%，占农药总产量的6.1%。同时，除草剂产量增加2.8%，达到180.3万吨，占农药总产量的48.2%（表1）。

表1 2014年全国农药产量汇总（万吨）

项　　目	2014年	2013年	同比（%）
化学农药原药	374.4	369.2	1.4
杀虫剂	56.1	58.9	−4.8
杀菌剂	23.0	23.2	−1.2
除草剂	180.3	175.5	2.8

（二）农药价格先扬后抑

从中国农药工业网发布的农药价格指数可以看出，我国农药一季度价格指数逐月上涨，3月最高达105.69，比2013年同期增长3.76%。但随着二季度的来临，市场需求减少，行情转淡，价格下跌，价格指数随之降低，4～8月均低于2013年同期水平。8月稍有回升，但起伏不大，9月起处于连续下跌趋势，12月中国农药价格指数为88.11，再次突破历史最低，环比下跌2.86%，较2013年同期大幅下跌11.47%。由于国际市场需求对价格支撑不足，以及国内政策、格局调整、竞争加剧等综合影响，2014年农药产品价格整体逐级走低，因没有强有力的因素支撑，即使在传统旺季时期仍未有大的反弹（图1）。

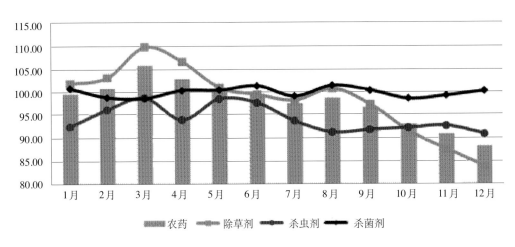

图1　2014年1～12月中国农药价格指数（CAPI）变化情况

中国农药工业网独家发布

（三）农药行业利润微降

2014年，全国农药行业843家规模以上企业主营业务收入达到3 008.41亿元，同比增长7.5%；利润总额达到225.92亿元，同比下降1.2%，2013年同期增幅为30.8%。行业平均销售利润率达到7.5%，相比2013年全年平均利润率减少0.7个百分点，这是近年来农药行业利润首次出现下降。相较而言，生物化学农药及微生物农药利润总额增长速度远大于化学农药，化学农药下降3.6%，而生物化学农药及微生物农药则强势增长23.7%（表2）。

表2 2014年农药行业经济指标

行业类别	企业数（个）	资产（亿元）		主营业务收入（亿元）		利润总额（亿元）	
		2014年	同比（%）	2014年	同比（%）	2014年	同比（%）
化学农药制造业	843	2 110.26	9.4	3 008.41	7.5	225.92	-1.2
化学原药制造	713	1 931.34	8.9	2 724.07	7.5	200.94	-3.6
生物化学农药及微生物农药制造	130	178.92	15.3	284.34	7.5	24.99	23.7

（四）农药企业兼并重组力度加大

在国家产业政策的引导下，农药企业准入门槛不断提高，新建农药生产企业规模不断扩大。同时随着环保、安全要求日益严格，以及市场竞争日趋激烈，农药企业兼并重组、股份制改造的步伐加快。2014年企业兼并重组典型事件共19例，势头只增不减，其中，生产资质合并事项共9例，其他业务转让及收购事项10例。

（五）农药生产管理不断加强

2014年3月3日，国家质量监督检验检疫总局对农药等相关产品的工业产品生产许可证实施细则部分具体要求进行了修订。其中有35种农药产品被列入产业结构调整指导目录，新增14种农药品种的产品标准、相关标准及检验项目内容，同时有5个农药品种的标准修订规格发生了变化。

农业部、工业和信息化部、国家质量监督检验检疫总局联合发布了1745号公告，要求从2014年7月1日起，百草枯水剂在国内停止生产，并撤销登记和生产许可。

2014年7月3日，环保部发布了首批草甘膦（双甘膦）行业环保核查通过名单，包括镇江江南化工有限公司、南通江山农药化工股份有限公司、江苏优士化学有限公司、湖北泰盛化工有限公司等。

二、问题及展望

（一）主要问题

1. 产业竞争力问题仍然沉重

产业集中度低，农药企业多、小、散问题仍未解决。2014年总销售额超过10亿人民币的企业有36家，而销售额5 000万元及以下的企业多达200余家，前10家农药企业销售收入占全行业的比例仅29.0%。自主创新能力较弱，我国农药企业研发投入占销售收入的比例与跨国公司相比仍然很低。同行业竞争仍以拼规模为主，盲目扩张、一哄而上的做法没有明显改变。

2. 环保压力持续增大

随着新《环境保护法》及"水十条"等环保政策的正式实行，农药作为环境影响较大的产业首当其冲。在湖南、江苏、山东等省份，多家农药企业因非法排放、超标排放等问题导致停产。目前，国内大多数企业环保能力差，不同程度存在未反应原材料和副产物回收率低，废水含盐以及难降解有机污染物浓度高，缺乏"三废"治理的有效技术措施等问题。

3. 出口产品国际竞争力仍然较弱

目前我国仍然是以原药出口为主，我国企业在国际农药贸易链中主要充当"供货商"角色，被定位在价值最低的制造业环节，为国外企业发展提供质优价廉的原材料。尤其是从9%上调至13%的原药出口退税，使得境外采购商以此为借口压低价格，在降低国外企业原药材料成本的同时，直接影响到国内农药产业的结构调整，对国内制剂生产和农药市场造成间接冲击。

（二）发展展望

1. 面向终端需求，注重服务提升

目前，农药使用技术的推广主体已经发生变化，农药企业既要担负生产、销售任务，又要担负技术推广任务。发达国家的农药企业在销售和推广产品时均肩负着农药安全、科学使用技术培训的义务，已经将其作为企业产品推销的一个重要手段，这也必将成为我国农药企业的新使命。国内有一些生产企业目前已经开始开展农药安全、科学使用技术培训活动，并在许多地区产生了社会效益。

2. 顺应电商发展，推动行业变革

当前农药产业存在的突出问题有产能过剩趋重、产品同质化严重、恶性价格竞争、利润不断减少等。2014年，农资电商成为农药行业的一个热议话题，给农药行业发展注入了新的活力。农药电商将打破地区间的信息传递和产品流通壁垒，通过全面、公开、透明的竞争，显示品牌效应，加速优胜劣汰。无论是农药生产企业还是农药经销商，农药电商的发展都将带来巨大的挑战和发展机遇。

3. 加强产业调控，提升行业竞争力

加强政府宏观调控，多措并举，引导产业竞争力提升。推进农药企业兼并重组，加快走集约发展的道路，进一步提高产业集中度。继续调整产品结构，进一步提高环境友好型制剂所占比例。加大研发投入与支持力度，用好国家农药科技创新项目资金，增强科研开发及新品种创制能力，提高企业工艺技术和装备水平。提高产业准入门槛，加强信用引导，树立农药品牌，提高行业竞争力。

第三章

农药市场监管

DISANZHANG NONGYAO
SHICHANG JIANGUAN

2014年，农业部深入开展"农药监督管理年"活动，以推进高毒农药定点经营、强化农药监督检查、打击制售假劣农药行为为重点，加大力度，强化措施，努力提升农药产品质量，净化农药市场，监管成效显著。

中国农药发展报告 2014 · 第三章　农药市场监管

一、农药市场监管的新进展

（一）推行差异化监管机制，监管不留死角

2014年，全面梳理了近年来农药市场监管情况，根据企业合法生产经营总体情况制订了差异化监管方案，即监管企业、监管产品、监管手段、监管机制的差异化。实行"随机抽查、指定抽查、专项抽查、约谈制度"有机组合、各有侧重的分类监管方式。随机抽查主要用于统计农药市场质量状况；专项抽查用于直接到企业抽查，按程序依法吊销违规企业的农药登记证；指定抽查用于集中力量打击涉嫌严重违规的企业；约谈制度由地方农业部门组织实施，强化属地监管责任的落实。通过实施差异化监管，着手建立健全农药生产经营者诚信档案，实现从所有企业"平等对待"向"重点打击违规企业、鼓励扶持诚信企业"的监管方式转变。开发全国农药执法信息服务系统，实现农药登记与监管数据相对接，实现全国市场监管信息资源共享、检打联动，提升了监管效能。

（二）严打假劣农药生产经营，监管成效凸显

2014年，农业部将75家生产企业列为指定抽查名单，投入60%的监管经费用于指定抽查，形成"全面围剿"涉嫌违规产品的监管态势，促进指定抽查企业积极开展自查自纠，提升产品质量，增强诚信意识，极大地发挥了市场监管的震慑力。针对生产企业否认被抽查产品为其生产、假劣农药无法追根溯源的状况，农业部在2014年农药市场监督抽查方案中，要求地方农业部门发现此类情况的，责令经营者下架停止销售相应产品，及时立案查处其经营者，农业部集中公布《标称生产企业否认产品名单》，组织地方农业部门在全国范围内重点监管其产品。加大对政府采购产品的监管力度，吊销了在采购过程中违规的1家农药生产企业的1个农药登记证；吊销了2013年农药产品质量专项抽查中发现的9家生产企业的11个违规产品农药登记证。2014年，组织省级农业部门抽

查农药样品4 164个，标签样品4 465个，农药产品质量合格率85.7%，标签合格率76.9%（图2、图3）。

图2　2004—2014年农药监督抽查质量合格率

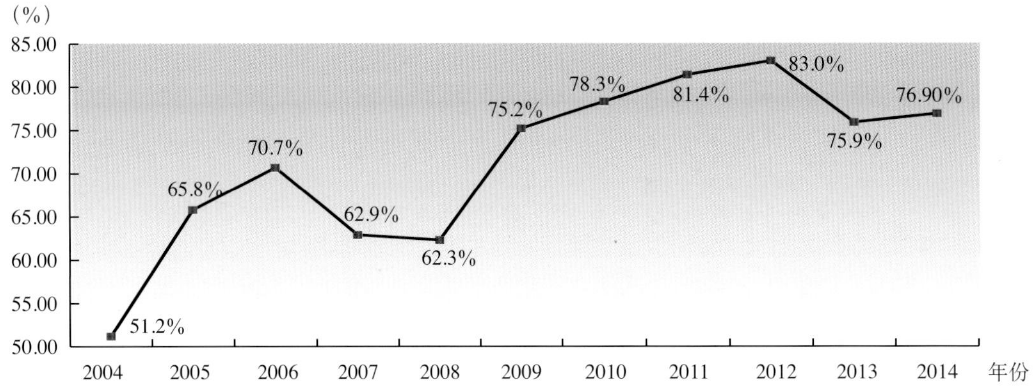

图3　2004—2014年农药监督抽查标签合格率

（三）"控高促低"，严把用药安全关

在充分调研，以及前期推行高毒农药定点经营制度的基础上，尊重企业诉求，保护企业商业秘密，进一步明确高毒农药可溯源理念，即出现"问题"产品时，能够通过标签上的"可溯源码"逐个环节追查到问题源头；设计农药可溯源管理平台，明确农药产品可溯源码的编码规则，

开发农药经营可追溯记账软件，建立公众查询通道，发挥社会监督作用。2014年，农业部在河北、山东、浙江、江西、陕西5省试点推行高毒农药定点经营示范县建设项目。为做好低毒低残留农药示范推广补贴项目，农业部首次下发了含91种农药的《种植业生产使用低毒低残留农药主要品种名录（2014）》，同时，以"科学使用低毒低残留农药"为主题，开展"为农民服务"活动，全程指导100个农民专业合作社，培训了10 000名农民科学合理使用农药。

（四）强化源头监管，严把登记试验数据关

按照国务院有关强化事中事后监管的要求，将农药监督抽查机制引入试验单位考核，抽取试验单位的试验原始记录，分专业组织审查，基本掌握试验单位存在的主要问题及证据，将"定性的考核工作定量化"，为试验单位分类管理提供技术支撑。2014年，农业部公告了通过考核的190家农药登记试验单位，涉及药效试验单位157个，残留试验单位53个，环境试验单位19个，毒理试验单位3个。

二、问题及展望

（一）主要问题

1.非法添加隐性成分问题依然突出

农业部自2011年起连续4年开展农药产品质量专项监督抽查，抽查结果表明，近4年农药产品质量专项抽查不合格率为15%左右，其中，隐性成分添加产品占不合格总数的53.2%，特别是添加甲拌磷、克百威、氧乐果、氟虫腈、硫丹、水胺硫磷等限用农药，2014年专项抽查抽取的2个卫生杀虫剂产品检出国家禁用农药灭蚁灵（图4、图5）。

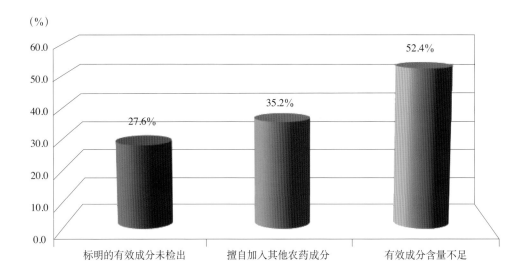

图4　2014年农药监督抽查质量不合格产品违法行为情况统计

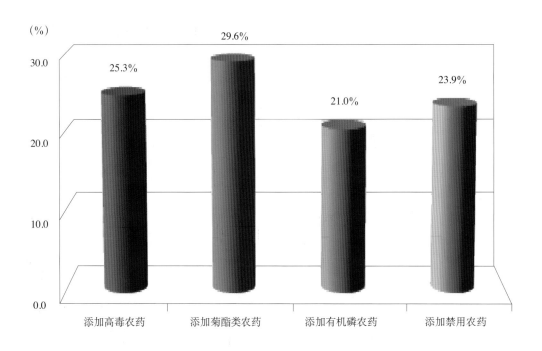

图5　2014年农药监督抽查擅自添加其他农药成分样品情况统计

2.隐性农药监管难

随着市场经济的发展，涌现出电子商务、物流配送等经营模式，技物结合的统防统治组织不断发展壮大，分摊农药经营市场份额，一些农药经营门店难以立足。这些经营方式的转变，虽然减少了流通环节，降低了经营成本，但一些电子商务网站，充斥着未经登记的农药产品；黑窝点利用物流配送假劣农药；个别统防统治组织违规向生产企业定制含有隐性成分的农药，成为监管空白，如何引导其健康有序发展，成为今后需要破解的监管难题（图6、图7）。

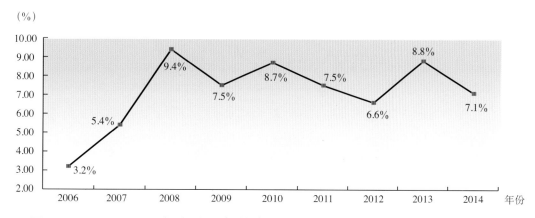

图6　2006—2014年农药监督抽查假农药产品占样品总数情况统计

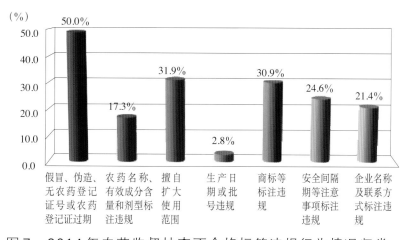

图7　2014年农药监督抽查不合格标签违规行为情况归类

3.履职尽责面对新挑战

党的十八届四中全会提出依法行政的要求，明确"行政机关要坚持法定职责必须为、法无授权不可为"、"行政机关不得法外设定权力，没有法律法规依据不得作出减损公民、法人和其他组织合法权益或者增加其义务的决定。"《农药管理条例》修订仍在继续，农业部门在农药经营环节缺乏必要的制度保障，在监管环节缺乏有效的监管措施与手段，监管职责与法治基础不相匹配，农药市场监管面临挑战。

（二）工作展望

1.提升农药监管技术水平

运用信息化手段开展市场监管，提升农药检定机构整体检测水平，完善农药执法信息服务系统，全面推行"植保技术+检测技术+监管平台"三位一体的监管体系。强化农药登记试验管理，加强农药登记数据源头监管。加强对烟剂、生物农药、卫生杀虫剂等产品的市场监管力度。探索对专业化统防统治、电子商务等新兴经营模式的监管方式，营造守法诚信、公平竞争、有序发展的农药生产、经营秩序。

2.完善农药全程溯源管理

结合《农药标签和说明书办法》修订，在高毒农药可溯源管理基础上，要求全部农药产品标签标注条形码等可扫描识别的溯源码；结合农药经营许可制度，要求农药经营门店建立账销货台账，高毒等限制使用农药定点经营门店必须建立电子化台账。对接专业化统防统治组织、家庭农场、种植大户、大型农民专业合作社的农药使用记录，从而实现农药全程可溯源管理。

3. 推进"一高一低"求实效

在2014年项目实施基础上，继续推进高毒农药定点经营与低毒低残留农药示范补贴试点项目，逐步扩大项目试点范围。2015年继续在8个省开展高毒农药定点经营试点，推进高毒农药可追溯体系。扩大低毒生物农药示范补贴试点范围，在17个省（直辖市）40个县（市）的蔬菜、水果、茶叶生产基地开展试点示范。通过项目示范、技术服务、宣传培训，引导农药生产企业、经营单位、农药使用者提高质量与环境安全意识，推进高效低毒低残留农药替代高毒高残留农药，促进农业可持续发展。

4. 夯实农药管理法治基础

加快《农药管理条例》配套规章制修订进程，强化农药登记、试验单位、农药经营等管理规范，引导农药安全合理使用，推动农药行业诚信体系建设。

第四章
农药使用管理

DISIZHANG NONGYAO
SHIYONG GUANLI

一、农药推广应用的新进展

2014年，全国农药使用总量（按折百计）约32.8万吨，比2013年的33.4万吨略有下降。其中，杀虫剂下降明显，灭鼠剂、杀菌剂上升明显，除草剂、植物生长调节剂等与上年相比略有上升。

2014年水稻稻瘟病、小麦赤霉病发生面积上升明显，这是导致杀菌剂用量上升的主要原因；水稻上虫害尤其是迁飞性害虫发生较轻，这是导致杀虫剂下降的主要原因。

按作物来分，水稻上用药总量下降，小麦上用药量略有增加，玉米上用药量略有增加，果树、蔬菜、棉花用药量总体与2013年持平。

在品种结构上，用量较大的品种与2013年相似。部分新品种用量增长迅猛，例如三唑类杀菌剂氟环唑、甲氧基丙烯酸类杀菌剂嘧菌酯、除草剂草铵膦、杀虫剂四氯虫酰胺、甘蓝夜蛾核型多角体病毒等。

（一）一批新产品得到了试验示范推广

2014年，农业部发布了《高效低残留农药品种目录》，促进了高效低残留农药品种的推广应用，一批新农药新剂型产品在全国范围内开展了试验示范。

开展全国性的新农药品种试验、示范15个。其中，杀虫剂品种有7个，包括氟啶虫胺腈、噻虫胺、噻虫胺·联苯菊酯、阿维·茚虫威、阿维螺螨酯、环氧虫啶、噻虫嗪·吡蚜酮；杀菌剂品种有5个，包括甾烯醇、丙硫唑、噻呋·嘧菌酯、咪鲜·嘧菌酯、丙环·嘧菌酯；除草剂品种有3个，包括双氟磺草胺·氯氟吡氧乙酸异辛酯、氟氯吡啶酯·双氟磺草胺、2甲·氯氟·双氟磺草胺；植物生长调节剂主要试验了0.01%芸薹素内酯可溶性液剂。

示范推广安全、高效、环保的新农药20多个，应用近亿亩*次。杀

---

* 亩为非法定计量单位，1公顷=15亩。

虫剂主要有四氯虫酰胺、毒死蜱·氟虫腈、甘蓝夜蛾核型多角体病毒、噻虫胺·联苯菊酯、烯啶虫胺·吡蚜酮、氟虫双酰胺·阿维菌素等，杀菌剂主要有氰烯菌酯、申嗪霉素、春雷霉素、烯肟菌胺·戊唑醇、苯甲·嘧菌酯、丁香菌酯、嘧菌酯、丙环唑·苯醚甲环唑、噻呋酰胺等，除草剂主要有草铵膦、唑啉草酯等。

（二）安全科学用药技术得到更大的示范推广

1.开展了作物解决方案的示范推广

在粮食作物主产省区，实施了"水稻病虫草害综合解决方案试验示范"、"玉米病虫草害防控与增产解决方案"、"小麦高产创建植保新技术试验示范"、"'更多水稻'示范"等作物解决方案。应用作物解决方案的措施，应对农业生产中的植保问题，可以有效减少施药次数和施药剂量，达到促进农民节本增收的目的。

2.开展了减量用药防控技术示范

分别在江苏、陕西省建立了水稻、果树病虫害农药减量控害技术万亩示范区，优化农药使用方法，整合和推广成熟的病虫害防控技术，综合利用各种非化学防治手段，形成作物全生育期农药减量控害技术规程，积极推广生物农药和高效低毒、环境友好型农药。

3.开展了安全用药培训活动

全国农业技术推广服务中心与植保（中国）协会、先正达公司等开展合作，共同组织安全用药技术培训活动，先后分别在海南、江苏、安徽、山东、四川、云南、陕西等15个省（自治区、直辖市）举办了600多场培训班，累计培训农民2.8万人，发放《安全科学使用农药挂图》31 020份、《安全科学使用农药培训手册》33 780份、安全施药防护衣29 000件、防护面罩25 000个。

4.开展了农药包装废弃物回收培训活动

全国农业技术推广服务中心与植保（中国）协会、中国农药工业协会于9月16日在海南省琼海市联合举办农药安全科学使用与农药包装废弃物回收培训活动。来自农业部、环保部及13个省（自治区、直辖市）

第四章
农药使用管理

植保站（农技中心），农业部农药检定所、农村经济研究中心，环保部南京环境科学研究所、植保（国际）协会、植保（中国）协会的专家和农药企业及有关单位代表共120多人参加了培训。

（三）新型施药机械试验示范推广

1. 农业航空植保得到进一步重视和发展

2014年初，31位院士向国务院提出"加快推进我国农业航空植保产业创新发展的建议"，引起了领导的重视。施药无人机的数量继续增加，2014年销售超过3 000架。湖南、河南将无人机纳入农机补贴。航空植保面积增加，山东省农业飞防300万亩次，吉林省95万亩次，黑龙江省400万亩次，黑龙江农垦1 350万亩次。

2. 开展了植保机械使用示范

先后联合中国农业大学植保机械与施药技术中心和江西天人生态股份有限公司合作开展美国BELL公司生产的大型直升机防治病虫害试验示范工作，分别在吉林、陕西开展了玉米、果树的试验示范，在江苏连云港开展了水稻病虫防治的试验示范。展示了引进的MAZZOTTI大型高地隙玉米田专用喷杆喷雾机、国产的3WX-1200G玉米田喷杆喷雾机以及江西天人公司的有人驾驶直升机、江西康邦无人植保机等新型机械以及6种水稻田自走式喷杆喷雾机、14种无人植保机、从日本引进的水稻田自走式喷雾机等20多种水稻田专用植保机械。

3. 开展植保机械使用技术培训

在20个省份开展企业与用户的联合培训，完成培训1 529期，培训机手11.164万人次。其中，培训专业化防治组织9 740个，家庭农场及种植大户17 937个，农民合作社7 790个。编写并下发《植保机械与施药技术培训指南》5 000册。

（四）专业化防治组织进一步巩固和壮大

1. 投入力度加大

2014年农业部、财政部把病虫害防治资金的使用主体，调整为专业化防治组织和新型农业经营主体，共投入12亿元用于应急防治和统防统治补贴，推动了专业化统防统治工作快速发展。全国专业化防治组织增加3 642个，达10.6万个，其中在农业部门备案的"五有"规范化组织达3.6万个，从业人员增加13万人，达162万人，拥有大中型植保机械187万台（套），日作业能力增加220万亩，达7 764万亩，专业化统防统治覆盖面积增加0.46亿亩，达5.92亿亩，实施面积12.81亿亩次。

2.推进专业化统防统治与绿色防控融合

在100个专业化统防统治示范县和100个绿色防控示范区，建立218个示范基地，把统防统治的模式与绿色防控技术措施集成融合为一系列综合配套的技术服务模式，并建立一批融合推进示范区，进行大面积示范展示，熟化、优化技术服务模式。

（五）抗药性监测和治理取得新进展

继续开展水稻重大病虫害的抗性监测和治理。在11个南方水稻主产省（区）设立了28个抗性监测点开展水稻稻飞虱、二化螟的抗性监测；在河北、山东、河南等省32个抗性监测点开展了麦蚜、小麦赤霉病、棉铃虫、棉蚜、小菜蛾等病虫害抗药性监测。根据监测的结果，通报了稻飞虱对噻嗪酮产生高抗药性的有关情况，指导各地及时调整用药品种。同时制定了《小麦蚜虫抗药性监测技术规程》、《蔬菜烟粉虱抗药性监测技术规程》两个行业标准。

（六）灭鼠工作的新进展

2014年全国农田鼠害总体呈中等偏重发生趋势，农区鼠害进入十年一次的种群密度高发期。根据农业部统一部署，开展了全国范围的农区鼠害治理工作。据初步统计，全国农田鼠害防治面积达2.624亿亩次，防治农户9 893万户。共投放杀鼠剂饵剂3.1万吨，实际挽回田间粮食损失41.33亿千克，挽回农户储粮损失23.47亿千克。

二、问题及展望

（一）部分病虫害防治缺乏高效农药品种，2015年农药使用总量降低幅度将低于预期

在水稻上，能够高效防治褐飞虱的农药品种较少，目前主力品种吡蚜酮抗性增加的迹象日益明显，除替代产品氟啶虫胺腈外，尚未有更多高效农药品种出现；在蔬菜上，以番茄黄化曲叶病毒为代表的病毒病、蔬菜根结线虫等，仍缺乏高效农药产品；在果树上，以柑橘黄龙病为代表的病害，尚无高效农药产品可供选择使用。

2015年预计病虫害的发生程度将会重于2014年，而且水稻害虫已经对吡蚜酮、氯虫苯甲酰胺等产品逐渐产生了抗性，势必导致其用药量增加；杂草抗性问题也比较突出，使用剂量增加可能性较大。加之，马铃薯列入主粮的战略实施，预计将带动马铃薯用药量增加。因此，总体来看，2015年农药使用量难以大幅度下降。

（二）科学安全用药技术不够普及，生物农药仍需进一步推广应用

作物解决方案技术、农药减量控害技术、农药包装废弃物回收和处理技术等，仍需要进一步研究、改进、示范与推广。社会对农药减量控害技术、作物解决方案、农药包装废弃物处理技术有着迫切的需求，这些技术有望在2015年得到更多的重视、更多的示范与应用。

应用生物农药是解决病虫害和降低化学农药用量的一个重要手段。为实现农药减量控害目标，大力推广应用生物农药势在必行。因此，预计从政策引导、社会舆论等方面，都将呈现有助于生物农药推广应用的局面。近年来生物农药性能得到了较大的改善，也为生物农药广泛应用奠定了基础。

（三）新型植保机械的应用技术尚需完善

特别是航空植保中无人机的使用技术，需要进一步完善，实现提高药效、简化操作的目标，最后达到与人工地面防治相当的效果。

专业化防治组织的壮大，装备水平的提高，将会促进植保机械化水平提高，航空植保普及率有望进一步增长。

（四）抗性问题突出，重点作物抗性治理有望突破

农药抗性增长问题在2014年中进一步加重，部分重大害虫如水稻褐飞虱对噻嗪酮产生了高抗性，对吡蚜酮的抗性也有所增长，在江西等省部分地区反映出水稻二化螟对氯虫苯甲酰胺产生高抗性，部分小麦主产省的阔叶杂草对苯磺隆产生高抗性。农药抗性增长已经严重影响到病虫害的有效控制，需要进一步开展抗性研究、监测和治理工作。

水稻害虫抗药性水平高、杂草抗药性问题将会得到进一步研究，褐飞虱和二化螟、小麦阔叶杂草和水稻禾本科杂草的抗性治理技术有望被广泛示范与推广。

（五）灭鼠工作力度不够

2014年鼠害发生频率在南方一些省份回升较多，田鼠种群密度大，给农业生产和人民身体健康等都造成了很大的威胁。另外，部分地方防治力度不够。

5

第五章

农药国际贸易

近年来，农药进出口贸易促进了我国农药行业的快速发展。当前，农药行业进入了新常态，进出口从高速增长转变为中低速增长，进出口从原药带动为主转变为制剂带动，农药行业呈现出新特点，面临新挑战。

中国农药发展报告 2014 · 第五章　农药国际贸易

一、农药进出口新变化、新特点

（一）从总体看，农药进出口继续双增，增幅下降

1. 农药进出口继续双增，增幅双降

2014年，我国农药进口和出口数量分别为6.72万吨和164.17万吨，同比增长7.95％和1.22％；进口和出口金额分别为7.45亿美元和87.60亿美元，同比增长6.66％和2.78％。与2013年相比，农药进口金额增幅下降17个百分点，农药出口金额增幅下降5个百分点（表3）。

表3　2013—2014农药进出口数量及金额

年份	进出口	数量（万吨）	增长率（％）	金额（亿美元）	增长率（％）
2013	出口	162.19	1.41	85.23	8.39
2013	进口	6.22	16.31	6.98	23.78
2014	出口	164.17	1.22	87.60	2.78
2014	进口	6.72	7.95	7.45	6.66

2. 农药出口比重保持稳定，贸易顺差继续增大

2014年农药出口的数量和金额分别占进出口总数量和总金额的96.07％和92.16％，与2013年基本保持稳定。出口数量是进口的24倍，出口金额是进口的11倍。贸易顺差增加到80.16亿美元，比上一年增加1.91亿美元（图8）。

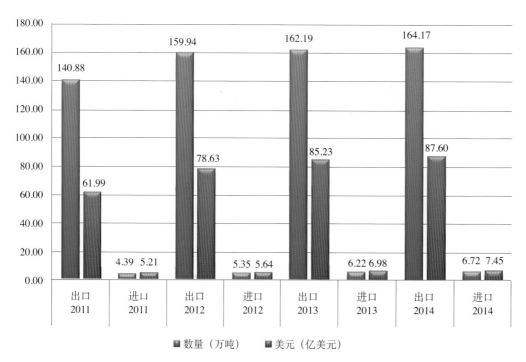

图8　2011—2014年农药进出口数量及金额

（二）从结构看，农药出口以原药为主，进口以制剂为主

1.原药出口额占6成，制剂进口额占9成

2014年，农药原药出口数量和金额分别为61.68万吨和50.28亿美元，原药出口数量和金额分别占农药出口的37.57%和57.40%；农药制剂出口数量和金额分别为102.49万吨和37.32亿美元，制剂出口数量和金额分别占农药出口的62.43%和42.60%，占比分别增加1.23个百分点和2.23个百分点。

2014年，农药制剂进口数量和金额分别为6.19万吨和6.53亿美元，制剂进口数量和金额分别占农药进口的92.16%和87.73%。农药原药进口数量和金额分别为0.53万吨和0.91亿美元（表4）。

表4　2013—2014年不同类别农药进出口数量及金额

年份	进出口	原药/制剂	数量（万吨）	增长率（%）	所占百分比（%）	美元（亿美元）	增长率（%）	所占百分比（%）
2013	出口	原药	62.93	−15.26	38.80	50.82	−0.75	59.63
2013	出口	制剂	99.27	15.86	61.20	34.41	25.47	40.37
2014	出口	原药	61.68	−1.98	37.57	50.28	−1.06	57.40
2014	出口	制剂	102.49	3.25	62.43	37.32	8.46	42.60
2013	进口	原药	0.62	−2.22	10.00	1.00	−5.82	14.27
2013	进口	制剂	5.60	18.81	90.00	5.98	30.62	85.73
2014	进口	原药	0.53	−15.37	7.84	0.91	−8.32	12.27
2014	进口	制剂	6.19	10.54	92.16	6.53	9.15	87.73

2. 农药原药进出口继续双减，制剂进出口继续双增，农药进出口增长由制剂进出口拉动

原药双减：2014年农药原药出口数量和金额同比下降1.98%和1.06%；农药原药进口数量和金额同比下降15.37%和8.32%。

制剂双增：2014年农药制剂出口数量和金额增长率为3.25%和8.46%；农药制剂进口数量和金额增长率分别为10.54%和9.15%（图9）。

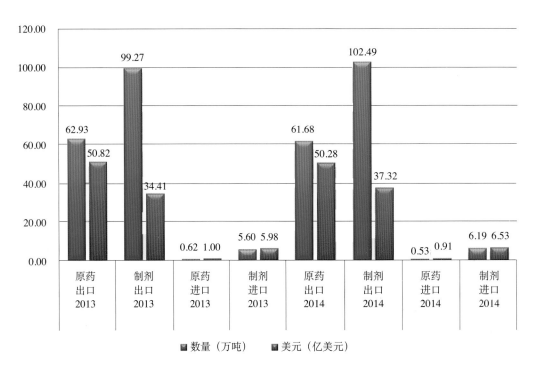

图9 2013—2014年不同类别农药进出口数量及金额

（三）从类别看，出口以除草剂为主，进口以杀菌剂为主

1.除草剂出口额将近6成，杀菌剂进口额将近5成

2014年，除草剂的出口数量和金额分别为108.97万吨和49.46亿美元，占总出口数量和金额的66.37%和56.45%；杀虫剂出口的数量和金额分别为38.38万吨和25.75亿美元，占总出口数量和金额的13.38%和29.39%；杀菌剂出口的数量和金额分别为14.87万吨和10.98亿美元，占总出口数量和金额的9.06%和12.54%（表5）。

表5　2014年不同类型农药进出口数量及金额

年份	进出口	农药类别	数量（万吨）	增长率（%）	所占百分比（%）	金额（亿美元）	增长率（%）	所占百分比（%）
2014	出口	除草剂	108.97	-0.69	66.37	49.46	-2.01	56.45
2014	出口	杀虫剂	38.38	4.63	23.38	25.75	9.30	29.39
2014	出口	杀菌剂	14.87	11.55	9.06	10.98	13.13	12.54
2014	出口	植物生长调节剂	1.87	-20.41	1.14	1.38	-4.97	1.57
2014	出口	杀鼠剂	0.08	-19.94	0.05	0.04	-12.07	0.04
2014	进口	杀菌剂	2.56	11.35	38.18	3.56	6.30	47.83
2014	进口	杀虫剂	1.41	-9.66	20.93	1.95	6.46	26.19
2014	进口	除草剂	2.70	17.04	40.26	1.78	8.84	23.92
2014	进口	植物生长调节剂	0.02	-30.62	0.27	0.14	-5.43	1.92
2014	进口	杀鼠剂	0.02	-8.21	0.37	0.01	-10.71	0.13

杀菌剂进口的数量和金额分别为2.56万吨和3.56亿美元，占总进口数量和金额的38.18%和47.83%；杀虫剂进口的数量和金额分别为1.41万吨和1.95亿美元，占总进口数量和金额的20.93%和26.19%；除草剂进口的数量和金额分别为2.70万吨和1.78亿美元，占总进口数量和金额的40.26%和23.92%。

2. 进出口农药品种相对集中，大宗产品占进出口额的一半

2014年，农药出口涉及420种有效成分，以非专利大宗品种为主。出口超过1亿美元的大宗产品有12个，按出口金额排序依次分别是草甘膦（含草甘膦异丙胺盐）、百草枯、吡虫啉、乙酰甲胺磷、毒死蜱、莠去津、灭多威、戊唑醇、氯虫苯甲酰胺、麦草畏、多菌灵、氟虫腈，共计出口数量和金额分别为96.84吨和42.02亿美元，占当年总出口数量和金额的

58.98%和47.96%。其中百草枯、乙酰甲胺磷、毒死蜱、戊唑醇、氯虫苯甲酰胺、麦草畏增长最快。草甘膦出口第一,出口61.59万吨,价值20.95亿美元,占当年总出口数量和金额比例高达37.51%和23.91%。

2014年,农药进口涉及205种有效成分。进口超过1 000万美元的大宗产品有18个,按进口金额排序分别是五氟磺草胺、氯虫苯甲酰胺、吡唑醚菌酯、代森锰锌、噻虫嗪、嘧菌酯、苯醚甲环唑、精甲霜灵、肟菌酯、氟啶虫胺腈、戊唑醇、咯菌腈、氰氟草酯、噁唑菌酮、氟苯虫酰胺、乙基多杀菌素、丙森锌、代森联,共计进口数量和金额分别为2.02万吨和3.82亿美元,占当年总进口数量和金额的30.08%和51.30%。

(四)从区域看,出口主要面向亚洲和南美洲,进口主要来自亚洲和欧洲

1. 6成农药出口亚洲和南美洲,7成农药出口到26个国家(地区)

2014年,农药出口到亚洲和南美洲的数量和金额分占当年总出口的60.41%和59.75%。出口到亚洲的数量和金额为58.05万吨和29.68亿美元,占当年总出口的35.36%和33.88%;出口到南美洲的数量和金额为41.12万吨和22.66亿美元,占当年总出口的25.05%和25.87%(表6)。

表6 2014年农药出口到不同地区数量及金额

年份	进出口	大洲名称	数量(万吨)	增长率(%)	所占百分比(%)	美元(亿美元)	增长率(%)	所占百分比(%)
2014	出口	亚洲	58.05	0.82	35.36	29.68	12.25	33.88
2014	出口	南美洲	41.12	1.39	25.05	22.66	-2.92	25.87
2014	出口	欧洲	15.15	1.66	9.23	11.16	4.07	12.74
2014	出口	北美洲	12.34	-26.30	7.51	10.30	-17.66	11.76
2014	出口	非洲	29.12	18.13	17.74	9.36	17.65	10.69
2014	出口	大洋洲	8.39	8.05	5.11	4.44	4.26	5.07

2014年，农药共出口到176个国家（地区），其中出口金额超过1亿美元的国家（地区）有26个，共计出口119.97万吨和67.12亿美元，占当年总出口的73.07%和76.61%。按出口金额排序依次分别是美国、巴西、阿根廷、澳大利亚、越南、印度、泰国、印度尼西亚、以色列、尼日利亚、巴基斯坦、俄罗斯、新加坡、哥伦比亚、日本、南非、乌拉圭、马来西亚、加纳、土耳其、伊朗、巴拉圭、德国、墨西哥、比利时、荷兰。其中美国和巴西两国共计出口农药24.93万吨和18.34亿美元，占当年农药总出口数量的15.19%和出口金额的20.94%。出口快速增长的国家主要有越南、印度、以色列、尼日利亚、巴基斯坦、新加坡、日本和南非等国家。

2.8成进口农药来自亚洲和欧洲，8成进口农药来自13个国家（地区）

2014年，农药从亚洲和欧洲进口的数量和金额分别占当年总进口的88.18%和81.57%。从亚洲进口农药的数量和金额为4.16万吨和3.37亿美元，占当年总进口的61.90%和45.26%；从欧洲进口农药的数量和金额为1.76万吨和2.70亿美元，占当年总进口的26.28%和36.31%（表7）。

表7　2014年农药从不同地区进口的数量及金额

年份	进出口	大洲名称	数量（万吨）	增长率（%）	所占百分比（%）	美元（亿美元）	增长率（%）	所占百分比（%）
2014	进口	亚洲	4.16	14.37	61.90	3.37	20.53	45.26
2014	进口	欧洲	1.76	−7.39	26.28	2.70	−16.92	36.31
2014	进口	北美洲	0.45	6.98	6.64	0.97	58.04	12.98
2014	进口	南美洲	0.24	23.52	3.64	0.19	18.22	2.56
2014	进口	非洲	0.06	59.38	0.83	0.17	46.99	2.30
2014	进口	大洋洲	0.05	53.05	0.71	0.04	6.08	0.59

2014年，农药进口涉及34个国家（地区），其中进口金额超过1亿人民币的国家有13个，共计进口5.29万吨和6.69亿美元，占当年总进口的78.77％和89.85％。按进口金额排序依次分别是德国、美国、法国、韩国、印度、马来西亚、印度尼西亚、日本、西班牙、新加坡、泰国、英国、瑞士。德国、美国和法国前三个国家的进口金额合计为3.10亿美元，占进口金额的41.63％。

（五）从出口企业和省份看，农药出口集中度高

1. 6％的生产企业出口了8成的农药

2014年，759家农药生产企业的农药出口，约占国内农药生产企业总数的35％。其中出口金额超过1亿人民币的农药生产企业有128家，约占国内农药生产企业总数的6％，约占涉及出口的生产企业数量的16.8％，共计出口农药131.71万吨和71.00亿美元，占当年总出口农药的80.22％和81.04％。出口金额超过1亿美元的生产企业有14家，共出口农药58.57万吨和27.91亿美元，占当年农药总出口的35.67％和31.86％。

2. 江苏省出口第一，苏浙鲁三省出口75％农药

2014年，26个省市的农药生产企业涉及农药出口。其中，江苏省出口了66.32万吨和38.60亿美元，位居第一，占全年农药出口的40.10％和44.06％。紧随其后的是浙江和山东省，出口数量分别是33.91万吨和25.29万吨，出口金额分别是15.18亿美元和12.33亿美元。三省共计出口125.53万吨和66.11亿美元，占总出口的76.46％和75.47％。

二、我国农药进出口面临的机遇和挑战

近年的国际环境有利于我国农药出口。一是国际农产品价格逐步提高，将刺激农作物种植面积的进一步扩大，农药市场需求进一步扩大；二是我国农药企业的产品质量提高，生产规模扩大，规模效应显现，与跨国公司产品相比，在质量、价格上竞争优势非常明显；三是我国农药

产品的国际声誉不断提高，影响力逐步加强。据专家粗略估计，我国农药出口量将近世界农药产量的40%。

我国农药出口也面临新的挑战。国内方面，农药产能过剩，部分大宗产品产能严重过剩；同质化严重，包括产品同质化、出口市场同质化；恶性竞争情况较为严重。国外方面，人民币汇率压力，国外主要市场的技术壁垒，反倾销、反补贴等贸易摩擦风险，国际农药管理相关公约的约束等。另外，境外农药登记也是我国农药走向国际的主要瓶颈和困难。目前，我国出口农药以原药(包括母药)为主，只是原材料提供商，制剂产品登记相对较少，缺乏自有品牌。

三、工作展望

面对当前农药进出口面临的挑战与机遇，我国农药行业需要做好以下几方面的工作：一是加快转变出口产品结构，由出口原药向出口高附加值的制剂转变；开展境外农药登记，由简单的农药贸易向市场开发转变，由农药销售向农业技术服务转变。二是继续加大与境外农药管理机构的技术交流和合作力度，帮助企业了解国外农药登记管理政策和资料要求，帮助农药企业走出去，加快我国农药产品的国外登记步伐。三是继续创新农药进出口监管手段，完善现有的农药进出口电子联网核销系统，推进农药进出口无纸化电子通关，提高工作效率，加快我国农药进出口的通关速度。

6

第六章

农药技术标准

DILIUZHANG NONGYAO
JISHU BIAOZHUN

一、农药质量标准进展

我国农药质量标准按功能分有产品标准、基础标准等；按类型分有国家标准、化工行业标准、农业行业标准等。截至2014年6月，现行有效的农药质量标准数量为293个，其中产品标准277个，基础标准16个。近两年我国农药管理部门加快了农药质量标准体系的建设步伐。据统计，2013年共制修订农药质量国家标准和行业标准17项，涉及产品标准有咪唑乙烟酸、嘧菌酯、氰氟草酯、甲霜灵、芸薹素5个品种；基础标准有《矿物油农药中矿物油的测定方法》、《农药水分散粒剂耐磨性测定方法》等3项。2014年制修订国家标准和行业标准33项，其中产品标准涉及多菌灵、氨基寡糖素、双草醚、灭草松、二氯喹啉酸、麦草畏、草甘膦、茚虫威、2,4-滴异辛酯、2,4-滴二甲胺盐、氟氯氰菊酯、高效氟氯氰菊酯12个品种，基础标准包括《农药理化性质测定试验导则》、《农药登记原药全组分分析试验指南》、《农药产品质量分析方法确认指南》、《农药分散性测定方法》、《农药密度测定方法》、《农药溶解程度和溶液稳定性测定方法》等7项。

这些标准的发布实施将进一步完善我国农药质量标准化体系，还将有力促进农药管理和市场监督水平提升，有利于提高产品质量、引导农药行业走向标准化、国际化，促进我国农药走向海外，应对国际贸易市场的挑战。

二、农药药效试验标准进展

农药应用效果评价主要依据田间药效试验结果，试验方法的统一、科学和规范是正确评价农药产品效果的基础。2000年，《农药田间药效试验准则（一）》（GB/T 17980.1～53—2000）国家标准问世，首次规范农药田间药效小区试验的方法和要求，具有划时代意义。此后多年，农业部农药检定所相继组织起草制定了《农药田间药效试验准则》和《农药登记用卫生杀虫剂室内药效试验及评价》国家标准158项，《农药田间药效试验准则》、《农药室内活性测定标准》、《农药抗性风险评估标准》、《农药对作物安全性评价准则》、《天敌防治靶标生物田间药效试验准则》、《天敌昆虫室内饲养方法准则》、《农药登记卫生用杀虫剂室内药效试验及评价》、《农药登记用卫生杀虫剂室内试验试虫养殖方法》、《农药登记用白蚁防治剂药效试验方法及评价》9个系列行业标准144项及《除草剂对后茬作物影响试验方法》等其他行业标准5项，初步解决了试验方法不统一造成药效评价科学性不足的问题。

三、农药残留标准进展

2014年8月1日，《食品安全国家标准　食品中农药最大残留限量》(GB 2763—2014)正式实施，新标准规定了387种农药在284种(类)食品中3650项限量指标，较2012年颁布实施的《食品安全国家标准　食品中农药最大残留限量》(GB 2763—2012)，新增加了65种农药、43种(类)、1 357项限量指标。该标准的颁布实施，标志着我国食品中农药残留国家标准体系建设取得重大进展，对生产有标可依、产品有标可检、执法有标可判，严格监管乱用、滥用农药，保证"产"出安全食品和"管"出安全食品具有重要意义。同时，对转变农业生产方式，推进绿色生产，提高农产品国际竞争力，促进农业可持续发展产生积极影响。

四、农药毒理学标准进展

1.《农药登记毒理学试验方法》29项国家标准

紧跟国际新方法新动态，多方咨询，反复修改，基本完成了29项毒理学试验方法国家标准报批稿，目前正在进行最后整理及报批的准备工作。

2.《蚊香类产品健康风险评估指南》行业标准于2014年12月15日通过审定

这也是我国农药健康风险评估领域发布的第一个标准指南，标志着卫生杀虫剂管理即将进入一个新的时代。

3.《农药每日允许摄入量（ADI）》农业行业标准于2014年12月15日通过审定

该标准包含了554种农药ADI，将为农药残留限量标准制定工作提供统一、科学的ADI数据。

4.《农药内分泌干扰作用试验方法》行业标准于2014年12月15日通过审定

该标准由农业部农药检定所与国家食品安全风险评估中心合作完成，包括雌激素受体转录激活试验、体外类固醇合成试验、子宫增重试验、Hershberger试验、幼龄雌性/环青春期雌性大鼠青春期发育及甲状腺功能试验、幼龄雄性/环青春期雄性大鼠青春期发育及甲状腺功能试验、一代生殖毒性扩展试验等。该系列试验方法填补了国内空白，将为科学评价农药的内分泌干扰作用提供实用可行的方法，为提出相关登记要求提供了技术保障。

五、农药环境标准进展

（一）《化学农药环境安全评价试验准则》等21项国家标准

该系列国家标准（标准编号：GB31270.1～21—2014）于2014年10月10日发布，2015年3月11日正式实施，并且作为2014年度国家标准管理委员会重点项目于世界标准日进行了新闻发布，并在中央电视台等媒体进行了重点报道。

该系列国家标准包括土壤降解、蜜蜂急性毒性试验等21个部分，标准在基本原理和技术方法等同或等效采用了经济合作与发展组织

（OECD）相关试验准则的基础上，还创建了"家蚕急性毒性试验"、"大型甲壳类水生物毒性试验"我国特有的试验准则，主要用于化学农药环境归趋和生态毒性效应参数的测定，为农药管理和新产品研发提供环境安全性评价端点数据。该系列标准的发布与实施，将明显改善我国农药环境风险评估技术手段，增强技术的规范性和可靠性，拓展农药环境安全性评价的技术指标要求，提升相关试验技术体系国际化水平，并将通过建立科学评估体系，提高农药市场准入的技术门槛，促进环境友好型农药产品研发与应用，从源头减少农药使用给生态环境带来的影响。

（二）《农药登记 环境环境风险评估指南》等7项农业行业标准

目前，已完成参数验证、模型比对、标准征求意见稿的编写，向社会广泛征求意见，将于2015年送审、报批与发布。

该系列农业行标为我国首批建立的农药管理环境风险评估程序、方法和管理标准，包括农药对水生态系统、蜜蜂、鸟类、家蚕、地下水、非靶标节肢动物及总则7个部分。标准的基本原理和技术方法参考了欧美发达国家及国际组织（FAO）相关准则，并结合了我国农业生产实践活动、环境特征条件合农药使用管理与环保要求，对农药管理中环境风险标准、评估程序和方法进行了系统的构建，其中"家蚕风险评估指南"、"水稻田地表水暴露分析模型"的技术和管理水平已处于国际领先地位。标准主要用于农药登记管理、风险监测、产品研发过程中的环境影响安全性评价。

第七章

农药国际管理

DIQIZHANG NONGYAO
GUOJI GUANLI

中国农药发展报告 2014 · 第七章　农药国际管理

一、联合国粮农组织（FAO）和
世界卫生组织（WHO）
农药质量标准进展

　　截至2014年12月，FAO／WHO现有农药产品标准（以有效成分计）共282个，其中按照新程序制定的FAO及FAO/WHO联合标准112个，单独的WHO标准24个（包括7个长残效蚊帐标准）；按照老程序制定的标准146个，包括137个FAO标准和9个WHO标准。2014年有5家国内企业的6个产品提出了申请，供2015年会议审议。2014年FAO/WHO发布的6个新标准包括虫螨腈、噻虫胺、氟啶胺、草甘膦、杀螺胺乙醇胺盐和噻虫嗪（表8～表10）。

表8　2014年JMPS会议审议的产品及其申请企业名单

产品	申请企业
FAO标准	
丙炔氟草胺Flumioxazin TC、WP	Sumitomo 日本
百菌清 Chlorothalonil TC、SC	Rotam
WHO标准	
顺式氯氰菊酯长效蚊帐（覆盖型）Alpha-cypermethrin	Mainpol GmBH，德国
顺式氯氰菊酯长效蚊帐（嵌入性）Alpha-cypermethrin	A to Z Textile Mills，坦桑尼亚
顺式氯氰菊酯+增效醚 长效蚊帐（嵌入性）Alpha-cypermethrin+Piperonyl butoxide	Vector Control Innovation，印度
氯氰菊酯 长效蚊帐（嵌入性）cypermethrin	Kuse Lace Co.，　日本
氯氰菊酯+吡丙醚长效蚊帐（嵌入性）cypermethrin+pyriproxyfen	Sumitomo，日本
顺式氯氰菊酯长效蚊帐（嵌入型）标准修订 Alpha-cypermethrin	Shobikaa Impex，印度
溴氰菊酯 WG Deltamethrin	Rotam & Gharda Chemicals
S-烯虫酯 S-methoprene TC，XR-G	Novartis，瑞士
球形芽孢杆菌·苏云金杆菌以色列亚种 B. sphaericus+Bti (Vectomax) FG	Valent BioSciences，美国
溴氰菊酯 Deltamethrin WG-SB	Tagros Chemicals，印度
FAO & WHO联合标准	
联苯菊酯Bifenthrin TC	Youth Chemicals，中国
高效氯氟氰菊酯Lambda-cyhalothrin TC	Youth Chemicals，中国
氯菊酯TC（cis/trans 40:60）	Gharda Chemicals，印度

表9　2015年JMPS会议拟审议产品及其申请企业名单

产品	申请企业
FAO标准	
烯草酮Clethodim TC，EC，WG	Arysta LifeScience (JSC Int. Ltd)
氟酮磺隆Flucarbazone TC，SC，OD，WG	Arysta LifeScience (JSC Int. Ltd)
异丙草胺Propisochlor TC，EC	Arysta LifeScience (JSC Int. Ltd)
胺唑草酮Amicarbazone TC，SC，WP，WG	Arysta LifeScience (JSC Int. Ltd)
咪鲜胺Prochloraz TC	Jiangsu Huifeng Agrochem，中国
草甘膦Glyphosate TC	Jiangsu Huifeng Agrochem，中国
肟菌酯Trifloxlystrobin TC	Bayer CropScience，法国
环嗪酮Hexazinone WG	Nutrichem Co.，中国
WHO标准	
高效氯氟氰菊酯Lambda-cyhalothrin 10 WP	Bharat Rasayan，印度
右旋苯醚菊酯标准修订Revision of d-phenothrin TC specification to include 1R-trans-phenothrin	Sumitomo Chemical，日本
右旋苯醚菊酯d-phenothrin TC	Endura，意大利
苏云金杆菌以色列亚种Bactivec (Bti) SC	Labiofam，古巴
溴氰菊酯Deltamethrin (polyester coated) LN (Moskitul)	SPCI SAS，法国
FAO/WHO联合标准	
残杀威Propoxur TC，50WP	Tagros Chemicals，印度
聚乙醛Metaldehyde TC	Xuzhou Nuote Chem. Co., Ltd.，中国
杀螺胺乙醇胺盐Niclosamide-olamine TC	Sichuan Acad Chem Ind R&D，中国
氯氰菊酯Permethrin (40:60) TC	Yangnong，中国

表10　2014年CIPAC会议通过的新方法

CIPAC代码/产品名称	方法描述
789吲唑磺菌胺/amisulbrom	吲唑磺菌胺原药、水分散粒剂和悬浮剂中有效成分含量的分析方法（新方法）
333溴氰菊酯deltamethrin	溴氰菊酯嵌入型长效蚊帐产品中有效成分含量分析方法（方法拓展）
709烟嘧磺隆nicosulfuron	烟嘧磺隆可分散油悬浮剂中有效成分含量分析方法（方法拓展）
715吡丙醚pyriproxyfen	在吡丙醚与氯菊酯复配的长效蚊帐产品中，吡丙醚的含量分析方法（方法拓展）
溶解程度 MT 179.1 Degree of dissolution	原CIPAC 方法MT 179拓展到适用于水溶性剂型，方法代码相应更改为MT 179.1（方法拓展）
片剂崩解性MT 197 Disintegration of tablets	水溶性或水分散性片剂的崩解性试验CIPAC/4894（新方法）
454顺式氯氰菊酯alpha-cypermethrin	CIPAC/4939（顺式氯氰菊酯长效蚊帐产品中有效成分含量分析方法）适用于测定顺式氯氰菊酯与增效醚复配剂型中顺式氯氰菊酯含量（方法拓展）
370溴鼠灵brodifacoum	CIPAC/4942溴鼠灵原药和饵剂中有效成分含量分析方法（新方法，临时方法）
374环嗪酮hexazinone	CIPAC/4952（环嗪酮水分散粒剂中有效成分含量分析方法），在标准品和样品溶液制备方法发生改变后，适用于分析上虞颖泰生产的环嗪酮水分散粒剂产品
33增效醚PBO	CIPAC/4941（增效醚长效蚊帐产品中有效成分含量分析方法）适用于测定顺式氯氰菊酯与增效醚复配剂型中增效醚含量（方法拓展）
964唑菌酯pyraoxystrobin	CIPAC/4936唑菌酯原药和悬浮剂中有效成分含量分析方法（临时方法）
季铵盐化合物quaternary ammonium compounds	CIPAC/4965电位滴定法测定季铵盐化合物母液和直接使用消毒剂产品中季铵盐的含量（临时方法）
617肟菌酯trifloxystrobin	CIPAC/4954肟菌酯原药、乳油、悬浮种衣剂、悬浮剂、水分散粒剂和其他液体剂型（AL）中有效成分含量分析方法（临时方法）

（续）

CIPAC代码/产品名称	方法描述
331氯菊酯permethrin	CIPAC/4946氯菊酯原药中的4对立体异构体中手型异构体的比例测定（定性试验）
741四氟苯菊酯transfluthrin	CIPAC/4948四氟苯菊酯原药中的4对立体异构体中手型异构体的比例测定（定性试验）
甲苯Toluene	CIPAC/4944GC顶空进样测定甲苯含量的分析方法
MT 46.3	CIPAC/4956长效蚊帐剂型的加速贮存试验中确定有效成分含量和释放速率的方法（CIPAC方法 MT 46.3拓展）

二、国际农药登记药效评价进展

　　FAO建议各国将药效评审作为农药登记审批的重要内容，防止无效、低效或有害的产品进入市场，保护使用者利益，防止对人畜和环境造成危害。在世界各国，农药登记都经历了从简单到复杂、从低要求到高要求的发展过程，对安全风险和农业可持续性影响等要求越来越严格，在此条件下需要采用新理念、新思路和最低有效剂量正确评价药效结果。

　　药效试验数据类别基本一致，数量要求不同。欧盟、澳大利亚和加拿大要求的药效数据主要包括实验室研发阶段试验数据、小区试验、大田示范试验数据等。对于数据来源，主要为本国农业和气候环境条件下完成的药效试验数据，部分在国外相似条件下完成的以及文献公开发表的数据可以作为参考。新农药一般要求在两个年度或两个生产季节进行试验，数量为4～10个不等。小作物、环境条件稳定场所、剂型微小变化、相同产品等特殊条件，可以减少试验数量。此外，小区面积视本国的气候条件、作物分布以及作物的种植面积大小等确定，无固定要求。

　　药效评价的内容全面具体。加拿大、欧盟等对药效评价不仅关注直接效果和作物安全性，更将药效评价延伸为更科学的效益（效果＋经济）评价，引导本国农药产业合理布局、健康发展。具体评价内容包括直接防治效果评价、对农业可持续性影响和经济效益分析等。加拿大还针对不同防控目标提出了不同的防效要求，如对杂草的防除效果，控制需要80%以上的效果、抑制只需要60%的效果，并在标签上增加药效分级的明显标识，给使用者以知情权和选择权。

最低有效剂量作为最佳推荐剂量。各国都根据田间试验，确定产品的有效剂量，剂量可以是单一剂量，也可以是一个范围。FAO药效准则要求，为了安全和保护环境，应当使用最低有效剂量，登记试验的主要目的之一就是确定最低有效使用剂量。澳大利亚、加拿大等国家都通过多种使用量的研究，确定最低使用剂量。

确保药效试验科学可靠。在欧洲许多国家，从事农药登记田间药效试验的单位需要获得官方认可，且要求遵从欧洲及地中海植物保护组织（EPPO）制定的农药药效良好试验规范（GEP），确保试验可重复性和数据可靠性。英国、德国等国家都制定了药效试验单位考核要求，其中英国将大田药效试验单位分成4类，包括农业和园艺作物、贮存作物/场所、脊椎动物防治、生物农药和化学信息素。德国目前认可的药效试验单位有70多家，包括专业的第三方试验机构、农药生产企业、科研院所和高校，科研院所和高校比例占10%～20%。

三、国际农药残留标准制修订进展

截至2014年底，国际食品法典委员会（CAC）农药残留限量标准包括199种农药、347种食品，共计4 351项标准，标准数量比2013年增加245项。2014年7月，CAC第37届大会审议批准了国际食品法典农药残留委员会（CCPR）第46届会议审议的最大残留限量草案，通过敌草快等38种农药在168种（类）食品（包括农产品及加工食品、动物产品及加工食品、动物饲料）中457项农药残留限量标准，其中新增标准344项，废除标准104项，终止制修订标准9项。2014年9月农药残留联席会议（JMPR）审评了36种农药，推荐新制定最大残留限量300多项，其中首次评审的新农药品种8个，周期性再评审的农药品种3个，单独制定残留限量标准的农药品种19个。

第37届CAC大会通过了《农药残留法典委员会应用的风险分析原则》，本原则与以往文本的变化主要体现在：一是反映了现阶段制定JMPR评估化合物优先列表的实际情况；二是简化了周期性评估程序；三是改进了关注表的提交程序。对于已过15年评估周期、但没有列入周期评估计划，且不存在特殊健康关注化合物的评审计划，取决于成员国和观察员提供的数据资料，以及优先列表电子工作组主席和JMPR秘书处的协商结果。对于列入周期性评估计划的化合物，由JMPR确认仅有GAP信息是否能够进行周期性评估，是否能够支持现有CAC农药残留标准。

四、国际农药健康风险评价进展

联合国粮农组织（FAO）农药登记工具包工作组会议于2014年7月1～3日在位于意大利罗马的FAO总部举行。FAO农药登记工具包项目为期2年，其主要目的是为发展中国家研究开发农药登记工具包，通过登记准入环节，保证防治效果的同时，确保人畜和环境安全。本次会议的主题是工具包中的职业健康风险评估模块，旨在帮助发展中国家登记机构评估施药人员及施药后农业生产人员和居民因接触农药而导致的健康风险。农业部农药检定所自主研发的施药人员职业健康风险评估模型、蚊香等卫生杀虫剂居民健康风险评估模型被纳入推荐工具名单。

五、国际农药环境影响评估进展

2014年12月，与美国、加拿大专家就OECD框架下的全球联合评审工作中环境影响资料评审进行了经验交流，对提高我国农药登记资料评审水平，增强农药管理国际活动的参与度并积累了经验。

2014年7月，与植物保护(国际)协会就我国拟建立的"农药水生态系统风险评估指南"等7项农药环境风险评估指南展开交流与讨论，进一步完善了该系列农业行业标准技术内容，为我国系统创建的农药环境风险评估程序和方法积累了宝贵的经验，促进了相关技术规范和标准与国际接轨。

2014年6月，美国、加拿大农药管理机构发布了"农药对蜜蜂风险评估指南"。

2014年初，我国向臭氧层保护秘书处提出"生姜作物甲基溴必要用途豁免申请"，并于11月在法国巴黎召开的"蒙特利尔公约"第26次缔约方大会上批准我国甲基溴豁免用量114吨。

六、其他国际农药管理进展

2014年4月2～3日，经合组织（OECD）第29届农药工作组会议在巴黎召开。会议通过了环境中有毒、持久与生物蓄积性农药的协作性评估、农药对媒介昆虫影响两项研究方案；讨论了微生物农药风险与风险评估、增加生物农药新类别——RNA干扰技术、小作物登记、农药残留、农药电子数据交换、全球联合评审、采用综合防治技术降低农药风险、打击农药非法贸易等议题；报告了农药工作组围绕OOECD发展战略，在化学品管理、准则制定与推行、促进发展中国家评估水平提高等方面取得的成效，并谋划下一步工作方向和发展策略。农业部农药检定所将继续深度参与OECD框架下的全球联合评审工作。

附　录

农药领域重点事件盘点

FULU NONGYAO LINGYU
ZHONGDIAN SHIJIAN PANDIAN

　　2014年，相关部门强化了农药行业管理和服务，相继出台了一批保障人畜安全、农产品安全和环境安全的管理政策和措施，推进了农药管理国际合作，引导了农药经营新态势的发展，有力地促进了农药行业的调结构、转方式。

中国农药发展报告 2014 · 附录　农药领域重点事件盘点

一、拟批准登记农药产品公示制度实施

1月1日起，农业部农药检定所开始在中国农药信息网对全部拟批准登记农药产品进行公示，全年共完成40批次3 948个产品。该项制度创新，为解决专利纠纷、打击原药来源造假、提高批准信息准确性提供强有力的规范保障，获得行业一致点赞。

二、全国农药检定所所长会议聚焦五大重点关切

3月3～4日，全国农药检定所所长会议明确了2014年农药检定工作要点。一是围绕农产品质量安全，强化农药残留安全管控。二是围绕农民利益维护，增强市场监管的针对性。三是围绕农业生产安全，着力破解蔬菜及特色作物少药无药难题。四是围绕可持续发展，启动农药使用对环境生态安全影响的监测。五是围绕体系治理能力提高，推进农药管理改革和政策设计。

三、高毒农药定点经营试点启动

3月11日，农业部印发《2014年高毒农药定点经营示范项目实施指导方案》，加强高毒农药监管，确保农产品质量安全。2014年农业部在河北、浙江、江西、山东、陕西5省开展高毒农药定点经营试点。各地按照"统筹规划、合理布局、自愿申报、严格标准、程序公开、公正遴选"的原则，确定一批示范县和定点门店，实行高毒农药专柜销售、实名购买、电子档案、科学指导，建立高毒农药可追溯体系，逐步实现从生产、流通到使用的全程监管，探索建立高毒农药监管的长效机制。

四、《食品中农药最大残留限量》标准更新

3月20日，农业部与国家卫生计生委联合发布的食品安全国家标准第4号公告，《食品中农药最大残留限量》（GB 2763—2014）自2014年8月1日起施行。新标准增加了蔬菜、水果等鲜食农产品中农药残留限量指标，覆盖了蔬菜、水果、谷物等12大类作物或产品，涉及387种农药

在284种（类）食品中的3 650项限量指标。与2012年版标准相比，新增加了65种农药、43种（类）食品、1 357项限量指标。

五、我国全面停产三氯杀螨醇

5月17日，我国唯一的三氯杀螨醇生产线在江苏扬农集团正式关闭，标志着三氯杀螨醇在我国全面停产。滴滴涕（DDT）作为三氯杀螨醇生产的中间原料，早在2001年就被列入《斯德哥尔摩公约》受控的持久性有机污染物（POPs）之一。为履行《斯德哥尔摩公约》，扬农集团决定放弃申请新一轮的豁免，完全停止生产三氯杀螨醇。

六、《种植业生产使用低毒低残留农药主要品种名录》发布

5月21日，农业部发布了《种植业生产使用低毒低残留农药主要品种名录（2014）》，供地方政府部门在组织实施低毒生物农药使用补贴等有关项目、指导农民选用低毒低残留农药时参考。该名录由农业部种植业司和农业部农药检定所组织有关专家，根据农药品种毒性、残留限量标准、农业生产使用及风险监测等情况，对已取得正式登记的农药品种进行筛选、评估后确定的，涉及91个农药品种，包括杀虫剂29个，杀菌剂40个，除草剂15个，植物生长调节剂7个。该名录实行动态管理、定期更新。

七、百草枯水剂登记和生产许可撤销

根据农业部、工业和信息化部、国家质量监督检验检疫总局联合发布的第1745号公告，自2014年7月1日起，撤销百草枯水剂登记和生产许可、停止生产，保留母药生产企业水剂出口境外使用登记、允许专供

出口生产，2016年7月1日起停止百草枯水剂在国内的销售和使用。

八、符合要求的草甘膦（双甘膦）生产企业名单公布

7月3日，环保部发布第47号公告，公布了符合环保核查要求的草甘膦（双甘膦）生产企业名单（第一批），分别是镇江江南化工有限公司（江苏）、南通江山农药化工股份有限公司（江苏）、江苏优士化学有限公司、湖北泰盛化工有限公司。为进一步提升企业污染防治水平，环保部将持续开展环保核查工作，发布符合要求的生产企业名单，并对已公告的生产企业进行复查和抽查，发现不符合要求的，将予以撤销。

九、农业部严处生产假劣农药行为

10月21日，农业部下发《行政处罚决定书》，按照《农药管理条例》规定依法吊销了9家农药生产企业的11个农药产品的农药登记证，向生产假劣农药行为亮出利剑。农药产品非法添加禁限用高毒农药及其他隐性成分、有效成分含量不足等不法行为已成为农药监督执法重点。

十、农药电商平台农一网正式上线运行

11月1日，由中国农药发展与应用协会发起，联合江苏辉丰化工股份有限公司等企业共同投资组建的农一电子商务（北京）有限公司在北京钓鱼台国宾馆举行农一网正式上线仪式。农一网的上线，预示着我国农药行业的电子商务开启了历史的新篇章。农药电子商务不再是趋势，而是现实。

图书在版编目（CIP）数据

中国农药发展报告.2014 / 农业部种植业管理司，
农业部农药检定所编. — 北京：中国农业出版社，
2015.12
　ISBN 978-7-109-21165-0

　Ⅰ.①中… Ⅱ.①农… ②农… Ⅲ.①农药工业—产
业发展—研究报告—中国—2014 Ⅳ.①F426.76

　中国版本图书馆CIP数据核字（2015）第277022号

中国农业出版社出版
（北京市朝阳区麦子店街18号楼）
（邮政编码 100125）
责任编辑　李文宾　王　凯

北京通州皇家印刷厂印刷　　新华书店北京发行所发行
2015年12月第1版　　2015年12月北京第1次印刷

开本：889mm×1194mm　1/16　　印张：4.75
字数：65千字
定价：50.00元
（凡本版图书出现印刷、装订错误，请向出版社发行部调换）